Marie Tolkemit

Von der Zivilisationskritik zum Bio-Boom

Eine Betrachtung naturnaher Ernährungskonzepte der Neuzeit

GRIN Verlag

Impressum:

Copyright © 2011 GRIN Verlag GmbH
Druck und Bindung: Books on Demand GmbH, Norderstedt Germany
ISBN: 978-3-656-14673-5

Dieses Buch bei GRIN:

http://www.grin.com/de/e-book/190216/von-der-zivilisationskritik-zum-bio-boom

Justus Liebig Universität Gießen,

Fachbereich 09: Agrarwissenschaften,
Ökotrophologie und Umweltmanagement.
Institut für Wirtschaftslehre des Haushalts
und Verbrauchsforschung

Hausarbeit

Von der Zivilisationskritik zum Bio-Boom.

Eine Betrachtung naturnaher Ernährungskonzepte der Neuzeit.

Modul: Gender und Ernährung (MP 103)

Eingereicht von: Marie Tolkemit

Gießen, den 27.06.2011

Inhaltsverzeichnis

1 Einleitung

Wir werden täglich mit dem Thema Ernährung konfrontiert, ob in den Medien, beim Essen oder beim Lebensmitteleinkauf. Die Nahrungsaufnahme ist ein elementarer Bestandteil unseres Lebens – sie sättigt uns, stiftet Kontakt zu anderen und hält uns am Leben. Die Vorstellungen über die „richtige" Ernährungsform und die Art und Weise des Essens gehen in der Bevölkerung weit auseinander. Während einige Mitglieder der Bevölkerung verstärkten Wert auf eine gesunde Ernährung mit naturnahen Produkten legen, kaufen andere vorwiegend Convenienceprodukte ein; zwischen diesen beiden Extremen gibt es zudem viele Zwischenstufen. In den letzten Jahren ist jedoch zu beobachten, dass die Konsumenten verstärkt Lebensmittel aus ökologischem Anbau nachfragen, wodurch das Angebot an „Bio-Lebensmitteln" stark gestiegen ist. Gab es Müsli und Bioprodukte früher nur in Naturkostläden zu kaufen, so werden sie heute auch in Lebensmitteldiscountern angeboten. Diese Lebensmittel werden damit für immer größere Teile der Bevölkerung erschwinglich. Der Trend *Bio* boomt. Ursächlich für diesen Trend ist die Unsicherheit der Konsumenten bei Einkauf, verursacht durch Lebensmittelskandale. Der Wunsch nach mehr Kontrolle wächst, um diesen Wunsch zu realisieren, greifen die Konsumenten verstärkt auf naturnahe ökologisch erzeugte Produkte zurück. Dieser Trend hin zu naturnahen Produkten ist jedoch nichts Neues, naturnahe Ernährungskonzepte gab es bereits in der Antike und sie waren bis heute in jeder Epoche vertreten. In der vorliegenden Arbeit wird der Fokus auf naturnahen Ernährungskonzepten während der Neuzeit liegen. Es wird dabei eine differenzierte Betrachtung naturnaher Ernährungskonzepte beginnend beim 18. Jahrhundert bis heute erfolgen.

Neben dem physiologischen Effekt der Nahrungsaufnahme ist sie immer auch ein soziales Ereignis, in welches sich der Einzelne einordnet. Ernährung dient dabei immer auch der Abgrenzung von anderen und der Selbstdarstellung. Die Einordnung/ Abgrenzung erfolgt dabei sowohl räumlich/ geographisch, zeitlich als auch schicht-, alters- und geschlechtsspezifisch (Van Randow 2001: 125, Prahl/ Setzwein 1999: 77; Wirz 1993: 440). Dies ist auch in den Naturkostbewegungen der Neuzeit zu beobachten, Kapitel drei wird sich daher dem Thema Abgrenzung durch Ernährung in den Ernährungskonzepten der Neuzeit widmen. Der Schwerpunkt der Betrachtungen wird auf der schichten- und genderspezifischen Abgrenzung liegen.

Den Abschluss der Arbeit werden eine Zusammenfassung und ein Ausblick bilden.

2   Naturnahe Ernährungskonzepte der Neuzeit

Im vorliegenden Kapitel werden verschiedene naturnahe Ernährungskonzepte der Neuzeit vorgestellt, beginnend mit Rousseaus zivilisationskritischen Ansichten aus dem 18. Jahrhundert bis hin zum heutigen Bio-Boom und dem Trend des Urban Gardenings. Zudem werden in einem kleinen Einschub die Folgen der vielfältigen Ernährungspublikationen und naturnahen Ernährungskonzepte aufgezeigt.

2.1 Naturnahe Ernährungskonzepte des 18. Jahrhunderts

Im 18. Jahrhundert zeichnet sich eine neue Denkweise in der Philosophie ab, welche die „Nutzbarmachung der Natur durch den Menschen" kritisiert (Melzer 2003: 46). So schreibt Rousseau 1762: „Alles ist gut, wenn es aus den Händen des Schöpfers hervorgeht; alles entartet unter den Händen der Menschen. Er zwingt ein Land, die Produkte eines anderen hervorzubringen, einen Baum, die Früchte eines anderen zu tragen; er vermischt und vermengt die Klimate, die Elemente, die Jahreszeiten; er verstümmelt seinen Hund, sein Pferd, seinen Sklaven; er stürzt alles um, er verunstaltet alles; er liebt das Unförmliche, die Missgestalten; nichts will er so, wie es die Natur gebildet hat, nicht einmal den Menschen" (Rosseau 2001: 13). Rousseau fordert in seinem naturromantischen, zivilisationskritischen Weltbild auf, die unberührte Natur als Lehrmeisterin zu nutzen und ruft zur Rückkehr zur Natur auf. Rousseaus Weltbild fand großen Anklang in der Medizin, etwa beim Mediziner Wilhelm Hufeland (Melzer 2003: 46; Leitzmann/ Stange 2010: 6). Dieser erstellt ein vitalistisches Medizinkonzept, in welchem er Empfehlungen zur Vorbeugung von Krankheiten durch naturgemäße Lebensweise und Ernährung gab. Er warnte dabei vor bestimmten Speisen und Getränken, welche laut seiner Ansicht Krankheiten auslösen können. So rät er ab vom Konsum der Genussmittel Kaffee, Tee, Schokolade, Back- und Zuckerwerk, da diese die Verdauung beinträchtigen (Melzer 2003: 47f). Daneben kritisiert Hufeland die Völlerei, so schreibt er „Der größte Teil der Menschen isst viel mehr, als er nötig hat. Wer alt werden will, esse langsam. Man esse nie so viel, dass es den Magen füllt" (Hufeland 1796) (aus Leitzmann/ Stange 2010: 6).

2.2 Naturnahe Ernährungskonzepte des 19. Jahrhunderts

Im 19. Jahrhundert prägt der Arzt Lorenz Gleich den Begriff der Naturheilkunde, welche eine „naturgemäße Medizin mit vielfältigen Verfahren und Mittel aus der Natur" darstellte (Melzer 2003: 69). Diese etabliert sich als sogenannte Volksmedizin parallel zu der an Universitäten gelehrten Medizin (Melzer 2003: 99). Die Anhänger der Volksmedizin gehen davon aus, dass die medizinische Versorgung unabhängig von medizinischen Institutionen und Fachpersonal durchgeführt werden kann und verfolgt die Ansicht: „Der Mensch ist selbst sein bester Arzt und Heiler". Die Naturheilkundler greifen die Ernährung als einen Teilaspekt auf.

Die von *Johann Schroth* (1798-1856) entwickelte Schroth-Kur war eine der ersten naturheilkundlichen Therapien, die ihren Fokus auf die Ernährung legte. Diese Kur sollte durch Entschlackung von Giftstoffen über den Darm zur Heilung verschiedener Krankheiten führen. Sie basiert auf dem Wechsel von Trockentagen mit altbackenen Brötchen und Trinktagen (Kraft/ Stange 2010: 95f).

Sebastian Kneipp (1821-1897) gilt als Begründer der naturheilkundlichen Ernährungslehre in Mitteleuropa. Er greift die Ernährungstherapie als eine Säule in seines aus fünf Säulen bestehenden Konzepts auf. Die Kneippschen Anschauungen zu einer der Gesundheit förderlichen Kost orientierten sich stark an der damals in seiner Heimat üblichen Hausmannskost (Leitzmann/ Stange 2010: 6).

Vegetarismus

Das 19. Jahrhundert war in den USA geprägt von der beginnenden Industrialisierung einhergehend mit einer zunehmenden Verstädterung. Im Zuge dessen fand eine Kommerzialisierung des häuslichen Bereichs statt, dies äußerte sich besonders im Bereich der Ernährung. Denn die konventionelle Landwirtschaft und die konventionellen Lebensmittelindustrie ersetzten hier nach und nach die Lebensmittelproduktion zum Eigenbedarf. Dies führte zu einer wachsenden Fülle an Lebensmitteln und einem gleichzeitig steigenden Verarbeitungsgrad der Lebensmittel. Parallel zu der wachsenden Lebensmittelfülle stieg auch die Anklage der Völlerei. Diese Anklage ging größtenteils von der Kirche aus, der bedeutendste Vertreter der damaligen Zeit war der presbyterianische Pfarrer *Sylvester Graham* (1794-1851). Er vertrat die Ansicht, dass Lebensmitteltechnologie und Industrialisierung schädlich für Moral und Gesundheit des Menschen seien. Er ging weiter davon aus, dass die von der Kommerzialisierung verursachten Anregungen (Völlerei, Unzucht, Unmoral) ursächlich für Krankheiten sind. Hingegen lobpreist er die Natur als die Ordnung Gottes, welche seiner Ansicht nach die Quelle für Gesundheit darstellt. Neben der

Anklage der Völlerei kritisiert er den Verzehr von fein gemahlenem Mehl, Weißbrot und Fleisch sowie den Verzehr von Genussmitteln wie Kaffee, Tee und Alkohol. Wobei ihm besonders die Außerhausproduktion von Brot widerstrebte. In den USA setzten die Bäckereien zunehmend das feine industriell hergestellte Weißmehl zur Brotherstellung ein. Dieses war laut Grahams Vorstellungen auf Grund des geringen Faseranteils abträglich für die Gesundheit. Aus diesem Antrieb heraus entwickelte er das Grahambrot und die Grahamcracker, die beide die natürlich faserige Qualität des früheren Brotes aufwiesen (Gusfield 1993: 82f).

Grahams Ansichten fanden auch in Deutschland viele Sympathisanten. So setzte sich der Hof-Apotheker *Theodor Hahn* (1824-1883) stark für die Verbreitung des Grahambrotes in Deutschland ein, da dieses seiner Meinung nach zahlreiche Vorteile im Vergleich zu gewöhnlichem Brot bot, wie etwa einen höheren Gehalt an Nährstoffen. Hahn verordnete seinen Patienten zudem eine vegetarische Ernährung. Angeregt wurde er dazu von den Argumentationen des New Yorker Arzt Russel Trall, welcher sich stark für die vegetarische Ernährung aussprach (Melzer 2003: 84f).

Der Naturheilkundler *Louis Kuhne* (1835-1899) stützte sich auf Hahns Ernährungskonzept, auch er empfahl die fleischlose „reizlose Ernährungsweise", präferiert bei seiner Empfehlung für Schrotbrote jedoch nicht das Grahambrot. Er führte zudem ein Gericht aus Weizenschrot und Obst ein und betonte wieder verstärkt die Wichtigkeit der Naturbelassenheit der zu verzehrenden Nahrungsmittel (Melzer 2003: 97, 100).

Die Naturheilkundler zu Beginn des 19. Jahrhunderts verfolgten in ihren Lehren das Ziel, den „überzivilisierten Menschen wieder mit der Natur in Einklang zu bringen" (Melzer 2003: 100). In Ihren Werken finden sich immer wieder Bezüge zu den Rousseauschen Anschauungen (Melzer 2003: 100). Diese Lehren sind somit mehr philosophische Überzeugungen denn medizinisch/ ernährungsphysiologisch untermauerte Wissenschaft.

2.3 Naturnahe Ernährungskonzepte des 20. Jahrhunderts

Die Ernährungslehren des 18. und 19. Jahrhunderts wurden überwiegend durch medizinischen Laien verbreitet. Dies änderte sich beim Übergang zum 20. Jahrhundert, naturnahe Ernährungskonzepte rückten jetzt immer mehr auch in den Fokus akademisch ausgebildeter Mediziner.

Beginn des 20. Jahrhunderts

Zwei bedeutende Vertreter, die zu Beginn des 20. Jahrhunderts agierten, waren der dänische Arzt und Ernährungswissenschaftler *Mikkel Hindhede* (1862-1945) und der Schweizer Arzt *Maximilian Bircher-Benner* (1867-1939) (Melzer 2003: 140; Leitzmann/ Stange 2010: 8), welche eine laktovegetabile Kost propagierten.

Hinhede veröffentlicht 1922 sein Werk „Die neue Ernährungslehre," in welchem er eine laktovegetabile Ernährungsweise propagiert. Seine Ernährungslehre erlangt vor allem im ersten Weltkrieg eine starke nationale Bedeutung, denn durch die Nahrungsblockade der Engländer waren keine Nahrungsmittellieferungen nach Dänemark mehr möglich. Die Dänen stiegen daher auf eine laktovegetabile Kost um, die Anzahl der Schlachtungen wurde erheblich reduziert und das Futtergetreide zur Herstellung von Vollkornbrot genutzt. Die Dänen blieben dadurch im Gegensatz zu den Deutschen von Hungersnöten und Hungertod verschont, die dänischen Sterbe- und Krankheitsraten sanken zu dieser Zeit sogar (Melzer 2003: 140).

In Deutschland revolutionierte der Schweizer Arzt *Bircher-Benner* die Ernährungsansichten, denn auch er propagierte eine laktovegetabile Ernährung. Im Zuge der in Deutschland stattfindenden Industrialisierung stieg der Fleischkonsum der Deutschen „auf nie geahnte Höhen" (Wirz 1997: 439). Fleisch und Gekochtes galten als gesund, rohes Gemüse und Obst hingegen galten als bestenfalls appetitanregende Beilagen und sollten von kranken Personen gemieden werden, da es für diese nicht verdaulich sei und Quelle gefährlicher Infektionen darstelle (Wirz 1997: 439). Bircher-Benners Lehrmeinung stand in starkem Kontrast zu den damaligen Lehrmeinungen. Er stellt in seinen Ernährungskonzepten „die Pflanzenkost über die Fleischkost und das Rohe über das Gekochte" (Wirz 1997: 439) und vertritt eine laktovegetabilen Ernährungslehre, welche der Rohkost einen hohen Stellenwert beimisst (Leitzmann/ Stange 2010: 8). Durch diese Neuordnung in der Ernährung brachte Bircher-Benner die „symbolische Ordnung der Industriegesellschaft" durcheinander, welche Fleisch als Symbol für Wohlstand nahezu vergötterte, weshalb seine Ansichten zur damaligen Zeit auf große Kritik stießen (Wirz 1997: 439f). Auch in Bircher-Benners Lehren sind die naturromantischen Vorstellungen Rousseaus wiederzufinden, Bircher-Benner sieht die Natur als das Maß aller Dinge, „sie verkörpert für ihn Ordnung und Gesundheit" (Wirz 1997: 447). Er lehnt die Industriegesellschaft ab, welche, so Bircher-Benner, zwar ungeahnte Produktivitätskräfte entwickelt, jedoch zugleich Not und Krankheit inmitten von Überfluss hervorbringt (Wirz 1997: 449). Die Missstände der Industriegesellschaft äußern sich auf vielfältige Art und Weise: „die Hetze im Alltag, die Suche nach immer neuen künstlichen Reizen, den unablässigen Wettlauf um Ehre und Geld, das Streben nach Macht, das immerwährende Schielen nach den Nachbarn (...) die ‚Völlerei' bei Tisch und allgemein der Überfluss inmitten des Mangels" (Wirz 1997: 450). Bircher-Benner warnt vor den Gefahren des Überflusses und der Vielfalt. Er geht davon aus, dass eine harmonische Ernährung den Menschen gesund hält. Eine harmonische Ernährung bedeutet für ihn, optimale Versorgung mit Nährstoffen, kein Zuviel und kein Zuwenig. Denn ein Mangel an Nahrung führt zu Krankheit. Ein Nahrungsüberfluss hingegen, so Bircher-Benners Theorie verursacht Krankheiten wie „Darmträgheit, Verstopfung, (…) Migräne [,] (…) Kreislaufkrankheiten und Krebs (Wirz 1997: 451). In seiner Ernährungstherapie ging Bircher-Benner jedoch nicht nur auf die Nahrung sondern auf den ganzen Menschen ein. Körper, Seele und Ernährung schloss er zusammen in einer Lehre über naturgemäße Lebensweise in dessen Rahmen er acht Ordnungsgesetzte formulierte (Wirz 1997: 449f). Er ging davon aus, dass jeder, der diese Ordnungsgesetze befolgt, ein naturgemäßes Leben, auch in der Stadt, führen kann (Wirz 1997: 452).

Ein skurril anmutender Auswuchs der Naturkostbewegungen des frühen 20. Jahrhunderts sind die Lehren August Engelhardts, der in der in der beschaulichen Natur Deutsch-Neuguineas eine Ernährungsweise propagierte, deren einziger Bestandteil die Kokosnuss war. Nach Engelhardt war eine ausgewogene und gesunde Ernährung nur dann möglich, wenn auf andere Nahrungsquellen komplett verzichtet wurde. Dieser „Kokovorismus" war, wie viele der hier vorgestellten Bewegungen, mehr philosophische bzw. pseudoreligiöse Konzeption denn Ernährungslehre. Dies wird besonders im „Kokosevangelium" (Abb. 1) deutlich, welches Engelhardt (als selbsternannter „Erster Apostel") in deutschen Zeitungen abdrucken ließ, um weitere „Jünger" von seinen Anschauungen zu überzeugen (Horsten 2010: Internet; o. A. 2010: Internet; Uhlmann 2009: Internet).

Mitte des 20. Jahrhunderts

1942 veröffentlichte der Arzt *Werner Kollath* (1892-1970) das Buch „Die Ordnung unserer Nahrung," in welchem der den Begriff der Vollwertkost einführte, sein Buch bildet die Grundlage der heutigen Vollwerternährung (Leitzmann/ Stange 2010: 10). Die „Vollkost" so Kollath, ist eine Kost die „alles enthält, was der Organismus zu seiner Erhaltung der Art benötigt" (Kollath 2005: 6). Er zeigte in Tierexperimenten, dass nicht die einzelnen Vitamine, sondern deren Zusammensetzung in der Kost von Bedeutung sind und konnte zudem den Wertverlust von Lebensmitteln durch Verarbeitung darlegen (Leitzmann/ Stange 2010: 10). Auf Grundlage der von ihm erhobenen Ergebnisse kam er zu der Forderung: „die Nahrungs-mittel so natürlich zu lassen wie möglich" (Kollath 1937: 271). Kollath unterscheidet in seiner Ernährungslehre sechs Gruppen der Nahrung, wobei die Wertigkeit der Gruppen von Stufe 1 zu Stufe 6 abnimmt. So umfasst Stufe 1 das unveränderte Rohmaterial, Stufe 2 umfasst das mechanisch aufgeschlossene, zerkleinerte Material. Die Stufen drei und vier umfassen zum einen das durch Fermentation aufgeschlossene Material und zum anderen das erhitze Material. Die Stufen 5 und 6 schließlich schließen das konservierte und präparierte Material ein (Kraft/ Stange 2010: 289). Kollath unterscheidet dabei zudem „stark Verarbeitetes" als Nahrungsmittel von dem „wenig Verarbeiteten", den Lebensmitteln (Kollath 2005: 289).

Basierend auf den Konzepten von Kollath und Bircher-Benner führt der Arzt *Max Otto Bruker* (1909-2001) 1966 den Begriff der „vitalstoffreichen Vollwertkost" ein (Kraft/ Stange 2010: 310). Die Vitalstoffe sind dabei eine Sammelbezeichnung für „Vitamine, Mineralstoffe, Spurenelemente, Enzyme, ungesättigte Fettsäuren und in Pflanzen enthaltene Aromastoffe" (Kraft/ Stange 2010: 310). Die Ernährung sollte zu 1/3 aus Frischkost bestehen, Vollkornmehle sollen Auszugsmehlen vorgezogen werden und Fleisch sollte nur in geringen Mengen aufgenommen werden. Zudem gibt Bruker die Empfehlung, möglichst naturbelassene Lebensmittel aus ökologischem Anbau zu konsumieren (Kraft/ Stange 2010: 310). Bruker war im Zeitraum von 1946 bis 1991 als Chefarzt und Leiter verschiedener Krankenhäuser beschäftigt. Während seiner Tätigkeit führte er in allen Einrichtungen die „vitalstoffreiche Vollwertkost" als Therapie bei ernährungsbedingten Krankheiten ein und erzielte damit gute Behandlungserfolge gastrointestinaler Erkrankungen (Melzer 2003: 414; Leitzmann/Stange 2010: 10). Die jahrelange klinische Anwendung der Vollwertkost machte ihn „zum erfahrensten Praktiker der Vollwertkost" (Melzer 2003: 411). Durch die Publikation einer laienverständlichen Buchreihe, erschienen ab 1970, trug Bruker zudem zur Popularisierung der Vollwerternährung bei (Leitzmann/ Stange 2010: 10).

Ende des 20. Jahrhunderts

Parallel zu den veröffentlichten Lehren Kollaths und Brukers zum Thema Vollwertkost entwickelte sich aus der Bevölkerung heraus eine Protestbewegung, welche die bestehenden Strukturen hinterfragte eine Bewegung die heute als „´68er-Bewegung" bezeichnet wird. Die Ursachen für die Entwicklung der ´68er-Bewegung sieht Van der Linden in der weltweit steigenden Bildungsbeteiligung, dem stockenden Wirtschaftswachstum am Ende der 1960er Jahre, der in dieser Zeit stattfindenden Dekolonisierung sowie im Stattfinden verschiedener anregender politischer Ereignisse wie etwa der kubanischen Revolution oder dem Prager Frühling (Van der Linden 2008: 23-37). Die Anhänger der ´68er-Bewegung setzten sich ein für Umwelt- / Natur- und Tierschutz, für Selbstverwirklichung/ -verwaltung, Frieden, Frauenrechte, Gleichberechtigung für Homosexuelle, für „sanfte Technologien", biologische Landwirtschaft, ganzheitliche Medizin, Basisdemokratie sowie eine ökologisch-soziale Wirtschaft mit fairen Handelsstrukturen (Lünzer 2008: 71). Sie setzten sich gegen Atomkraft ein und lehnten die vorherrschende rein monetäre Ausrichtung der Wirtschaft ab, zudem sprachen sie sich aus gegen die „politischbürokratische Maschinerie", gegen die Technisierung und die Großindustrie (Walter 2008: 16). Im Rahmen der Bewegung wurde auch die Naturkost als Teilbereich der ökologischen Bewegung thematisiert (Gusfield 1992: 95) was zu einer sich langsam entwickelnden Ernährungswende in Richtung „Bio" in Deutschland führte. Der gesundheitsbezogene Aspekt der Ernährung stand in den 70er Jahren im Vordergrund, Langerbein bezeichnet diesem Verbrauchertrend als die „Gesundheitswelle" (Langerbein 1988: 14). In den 1960ern gab es in Deutschland zwar bereits erste Reformhäuser, die zwar „Gesundkost" (naturnahe, frische Lebensmittel) verkauften, jedoch keine Lebensmittel aus biologischem Anbau anboten. 1972 wurden die ersten Naturkostläden in der BRD eröffnet, da den Ladenbesitzern das Angebot der Reformhäuser nicht gesund und ökologisch genug war. Bis 1981 gab es ein explosives Wachstum der Naturkostläden, 30 neu eröffnete Läden pro Monat waren keine Seltenheit, denn die Nachfrage nach Naturkost stieg stetig (Walter 2008: 17ff). Ursächlich hierfür war eine gestiegene Sensibilisierung in der Bevölkerung im Bereich der Ernährung auf Grund häufiger Medienberichte über Umweltzerstörung und Lebensmittelskandale (Langerbein 1988: 16). Mit der steigenden Sensibilisierung der Verbraucher stieg auch der Wunsch „die ‚Entfremdung' und Anonymität im (...) Massenkonsum aufzuheben" (Langerbein 1988: 18). Denn durch die zunehmenden Verstädterung und Arbeitsteilung hatten die Menschen vermehrt den Bezug zu Lebensmittelherstellung und -verarbeitung verloren (Von Alersleben/ Altman 1986: 290). Die Konsumenten wünschen sich nun vermehrt eine größere Nähe zur Lebensmittelherstellung, etwa durch persönliche Kontakte beim Einkauf (Langerbein 1988: 18), was durch den Kauf von Lebensmittel aus biologischem Anbau realisiert wird.

Durch die größere Nachfrage an ökologisch erzeugten Lebensmitteln wurde das Handelsnetz für Bio-Lebensmittel immer komplexer, womit die Transparenz für den Verbraucher sank. Um den Bereich der biologisch erzeugten Lebensmittel sowie deren Beratung, Kontrolle und Vertrieb zu erleichtern, organisierten sich die Erzeuger von Bio-Waren und einigten sich 1984 auf Minimalrichtlinien. Da sich die Richtlinien der einzelnen Länder und Verbände jedoch noch stark unterschieden, wurde von der International Federation of Organic Agriculture (IFOAM) eine einheitliche Richtlinie beschlossen. Die Verordnung der Verbände wurde 1991 durch eine europaweite Verordnung ergänzt und eine einheitliche Definition von „Bio" festgelegt. Trotzdem gab es weiterhin eine große Vielfalt und Vielzahl an unterschiedlichen Kennzeichnungen für ökologisch erzeugte Lebensmittel und somit eine geringe Transparenz für die Verbraucher. Als Gegenmaßnahme wurde daher im Jahr 2001 das staatliche Bio-Siegel eingeführt, welches dem Verbraucher eine leichtere

Orientierung beim Lebensmitteleinkauf bieten soll (Bundesanstalt für Landwirtschaft und Ernährung 2011: Internet). Die dadurch steigende Verbrauchertransparenz war mittlerweile dringend erforderlich, denn das Angebot an biologisch erzeugten Lebensmitteln hatte sich in der Zwischenzeit stark ausgeweitet. Der Verkauf von Bio-Produkten ist schon lange nicht mehr nur auf die Naturkostläden oder Bio-Läden beschränkt (Walter 2008: 21). Bio hält in den letzten Jahren verstärkt Einzug in den Einzelhandel, in Supermärkte und Discounter, mittlerweile gehen etwa 50% der Bio-Lebensmittel im Einzelhandel und in Supermärkten über die Ladentheke (Baden Württemberg Ministerium für Ernährung und ländlichen Raum 2007: 17). Der deutsche Bio-Lebensmittelmarkt boomt - dies wird deutlich an den stetig steigenden Umsätzen. Wurden im Jahr 2000 noch 2,1 Mrd. Euro Umsatz mit Biolebensmitteln generiert, waren es 2010 bereits mehr als doppelt so viel (5,9 Mrd. Euro) (Bund ökologische Lebensmittelwirtschaft e.V. (im weiteren BÖKL) 2011: 18). Auch der Anteil an Bio-Lebensmittel in der Außer-Haus-Verpflegung steigt kontinuierlich an (BÖKL 2011: 10f). Diese Zahlen zeigen deutlich, dass ein wachsender Anteil der Deutschen Bevölkerung auf Lebensmittel aus biologischem Anbau zurückgreift (Brunner et al. 2006: 143). Der Bio-Boom in Deutschland stellt wahrscheinlich die zahlenmäßig größte Naturkostbewegung dar. Das Instituts für Wirtschaftsforschung prognostiziert, dass die Nachfrage nach biologisch erzeugten Lebensmitteln auch in den kommenden Jahren weiter anwachsen wird (Balz 2011: 37), die Konsumwende hin zu biologisch erzeugte Lebensmittel ist folglich noch nicht abgeschlossen.

Allerdings haben sich die Kaufmotive für biologisch erzeugte Lebensmittel in den letzten Jahren stark geändert. Als Motive für den Kauf biologisch erzeugter Lebensmittel geben heute viele Konsumenten den „besseren Geschmack" und die „gesünderen Produkte" an (Jahn 2002: 66f). Die gesundheitlichen Folgen, die Genussorientierung und die Bequemlichkeit (z. B. Auto statt Fahrrad) des Einzelnen treten heute verstärkt in den Vordergrund, wohingegen das Umweltschutzmotiv in den Hintergrund tritt (Melzer 2010: 427; Langerbein 1988: 14). Melzer beschreibt diese Wandlung wie folgt: „Auch Diskussionen über Ökobilanzen bei Verpackungsmaterialen, Transportwegen oder Herstellung von Produkten sind in der Szene seltener geworden. Komfort ist nun auch ein Zeichen der Naturkostbranche" (Melzer 2010: 427). Jahn spricht daher von der „Endideologisierung des Konsumverhaltens" beim Bio-Kauf (Jahn 2004: 66). Diese Endideologisierung zeigt sich auch in der sinkenden Mehrpreisbereitschaft bei Käufern von Bioprodukten in den letzten Jahren (Jahn 2004: 70).

Parallel zu der Entwicklung in Richtung Bio-Lebensmittel tritt das Thema Ernährung im 20. Jahrhundert immer mehr in den Fokus der Gesamtbevölkerung. Die Anzahl der wissenschaftlichen Publikationen zum Thema Ernährung steigt stetig an (Stöhle 2009: 11).

Auch die Zahl der publizierten Bücher und Zeitschriften zum Thema „gesunde Ernährung", adressiert an die Normalbevölkerung, steigt (Gusfield 1993: 91). Die hier zu findenden Empfehlungen unterschieden sich jedoch stark, so gibt es Ernährungsratgeber zu „Rohkost, fleischloser kost, kohlenhydratarme(r) oder fettarme(r) Ernährung, (zu einem) (...) Leben mit oder ohne Brot" (Stöhle 2009: 13). Auch die Anzahl der verschiedenen Diätempfehlungen ist enorm (FOCUS Online 2011: Internet). Die Vielfalt der verschiedenen Ernährungsempfehlungen begünstigt die Fokussierung auf Körperideale (Cvitkovich-Steiner 2005: 8), so fand das Marktforschungsinstitut Konzept & Analyse heraus, dass bereits 66% der deutschen Gesamtbevölkerung sich bereits einmal im Leben einer Diät unterzogen haben (Konzept & Analyse 2008: 1).

Die Vielzahl an Ernährungsempfehlungen und Verboten (in Diäten) bestimmter Lebensmittel führen nicht nur zu aufgeklärteren Verbrauchern, sondern birgen auch ein großes Risiko für die Entstehung von Essstörungen (Daszkowski 2003: 54). Auf Grund dessen wird im Folgenden eine Krankheit vorgestellt, welche auf Grund gesunden Essens, bevorzugt von Naturkost entsteht, die Othorexie.

Orthorexie ist eine Essstörung mit zwanghaftem Charakter. Im Rahmen der Krankheit findet eine extreme Fixierung auf gesunde Ernährung statt, wodurch die Nahrungsmittelauswahl immer stärker eingeschränkt wird. Oft essen die betroffenen nur noch rohes Obst und Gemüse um die Quellen „schädlichen Unheils" wie Fleisch, Fett, Zusatzstoffe, Pestizide und Verarbeitetes zu meiden (Cvitkovich-Steiner 2005: 7). So beschreibt der Arzt Dr. Bratman, der selbst von Orthorexie betroffen war: „Schließlich weigerte ich mich, Gemüse zu essen, das vor mehr als einer Viertelstunde geerntet worden war" (Bratman 2001: 160). Ein sich damit parallel auftuendes Problem ist die gesellschaftliche Isolation von Orthorexiepatienten, denn ihre selbst auferlegte Einschränkung verbietet es ihnen am normalen Essensalltag mit anderen zu führen. So schreibt Bratman: „Meine Fixierung auf Lebensmittel, die absolut frei waren von Tierischem, von Fett und Chemikalien, machte mir fast alle gesellschaftlichen Formen des Essens unmöglich" (Bratman 2001: 161). Hinzu kommt, dass Betroffene ihr Essverhalten oft für das einzig richtige halten und andere missionieren wollen, was oft zur Abwendung von Familie und Freunden führt (Cvitkovich-Steiner 2005: 7). Orthorexiepatienten müssen in einer Therapie wieder erlernen, ungestraft die Vielfalt des Lebensmittelangebots zu genießen (Cvitkovich-Steiner 2005: 8).

2.4 Naturnahe Ernährungskonzepte des 21. Jahrhunderts

Neben dem sich bis heute erstreckenden Bio-Boom gibt es verschiedene Bewegungen, die naturnahe Kost wieder attraktiver machen wollen, etwa die Organisation SlowFood Deutschland e.V. Die folgende Ziele verfolgt: „das Verschwinden von lokalen Traditionen aufzuhalten, um die Menschen wieder dafür zu interessieren, wo ihr Essen herkommt, wie es schmeckt, und welchen Einfluss die Wahl unserer Lebensmittel auf die Welt hat." (Slowfood Deutschland e.V. o. J: 2). Um dieses Ziel zu erreichen, organisiert der Slow Food Deutschland e.V. Besuche bei Erzeugern, Geschmacksschulungen für Kinder, beteiligt sich an alternativen Landwirtschaftsformen und unterstützt lokale und internationale Kampagnen (Slowfood Deutschland e.V. o. J: 2).

Daneben gibt es momentan einen interessanten Trend, welcher sich weniger auf die Ernährung an sich, als vielmehr auf die Herkunft der Nahrung konzentriert - das „Urban Gardening". Das Urban Gardening richtet sich an Städter und bietet diesen die Möglichkeit, durch das Anlegen kleiner Gärten direkt in der Stadt oder in Stadtnähe Naturnähe selbst zu spüren. Das Angebot des Urban Gardening ist dabei breit gefächert und reicht von Gemeinschaftsgärten in „denen Städter gemeinsam Obst und Gemüse anbauen" (Schäfer 2011: 17) über Selbsterntegärten die bereits bepflanzt gepachtet werden und nur noch selbst abgeerntet werden müssen bis hin zum sogenannten Windowfarming, bei dem die Fenster der Wohnung zum Gewächshaus umfunktioniert werden (Rogers 2010: Internet; Schäfer 2011: 17).

3 Abgrenzung in den Ernährungskonzepten der Neuzeit

Im vorherigen Kapitel wurde ein historischer Abriss über die verschiedene naturnahe Ernährungskonzepte der Neuzeit gegeben. Während der Naturkostbewegungen findet immer eine Abgrenzung statt zu den Personen, die nicht die gleichen Einstellungen vertreten. Etwa zwischen den Konsumenten von biologisch erzeugten Lebensmitteln und konventionelle erzeugten Lebensmitteln. Im folgenden Kapitel wird ein kurzer Einblick in solche Abgrenzungsprozesse gegeben, wobei im Folgenden besonders auf schicht- und genderspezifische Abgrenzungsprozesse eingegangen wird.

Der Prozess der Nahrungsaufnahme ist nicht nur ein physiologischer Prozess, sondern auch immer eine Form der Selbstdarstellung (Gusfield 1993: 77f). Fellmann (1997: 27) beschreibt das Essen als „eine kulturell geprägte symbolische Form (…), die neben Kleidung und Sprache für die soziale und personale Identitätsbildung von elementarer Bedeutung ist". Seine „Essidentität" eignet sich der Mensch im Rahmen der Sozialisation als „praktische Selbstverständnis" an (Fellmann 1997: 30).

Essen ist zudem ein soziales Ereignis, in welches sich der Einzelne einordnet. Die Einordnung erfolgt dabei sowohl räumlich/ geographisch, zeitlich als auch schicht-, alters- und geschlechtsspezifisch (Van Randow 2001: 125, Prahl/ Setzwein 1999: 77; Wirz 1993: 440). Mit der geographische Einordnung des Essens ist etwa die Landesherkunft gemeint, so wären für Deutschland etwa Brezeln, Bratwurst und Bier typisch, für Frankreich Baguette und Wein, für Italien Pizza und Pastagerichte. Damit einhergehend zählen zur geographischen Einordnung auch die Nationalität und der nationale Geschmack (Schlegel-Matthies 1997: 212). Als Beispiel für zeitliche Einordnung nennt Von Randow (2001: 125) das Essen von Toastbrot welches als Symbol für das Frühstück steht, auch wenn es erst zur Mittagzeit gegessen wird. Die schichtenspezifische Einordnung des Einzelnen in das Essen markiert die Zugehörigkeit zu einer bestimmten Schicht/ Gruppe und dient damit gleichzeitig der Abgrenzung zu anderen Schichten/ Gruppen (Gusfield 1993: 81). Der Essvorgang fungiert quasi als „Spiegel und Ausdruck sozialer Verhältnisse" (Neumann 1997: 37). Ähnlich verhält es sich auch mit der altersspezifischen Einordnung, so zeigen die Daten der Nationalen Verzehrsstudie II Unterschiede im Süßwarenkonsum zwischen Jugendlichen und Erwachsenen. Jugendliche konsumieren häufiger Süßwaren, im Laufe des Erwachsenenalters sinkt der Verzehr dann stetig (Max Rubner-Institut 2008: 50). Doch nicht nur zwischen den Schichten und zwischen verschiedenen Altersgruppen erfolgt Abgrenzung, auch zwischen den Geschlechtern. Die Geschlechter ordnen sich in die bestehende soziale

Konstruktion ein, die geschlechtsspezifische Verhaltensmuster und Erwartungen vorgibt, um als Frau oder Mann wahrgenommen zu werden. Sie inszenieren das jeweilige Geschlecht, dies wird als „doing gender" bezeichnet (Prahl/ Setzwein 1999: 79; Setzwein 2011: Internet). Die schichten- und die genderspezifische Abgrenzung sollen im Folgenden näher betrachtet werden.

Schichtenspezifische Abgrenzung

Durch die schichtenspezifische Abgrenzung zeigen Personen die Zugehörigkeit zu einer bestimmten Gesellschaftsschicht an. Pierre Bourdieu (1987) fand in seinen Untersuchungen zu Geschmack und Sozialstruktur starke Unterschiede in der Art des konsumierten Essens entlang verschiedener Gesellschaftsschichten und Berufsgruppen. Bei der Arbeiterklasse steht das „Stoffliche" des Essens im Vordergrund. Gäste, die keinen engen Verwandtschaftsgrad zur Familie besitzen, werden hier nur selten zum Essen eingeladen. Die Teller werden zwischen den einzelnen Gängen nur selten gewechselt. Das Essen an sich ist schwer, füllend, reichhaltig und kalorienreich. Beim Essen liegt der Fokus auf der zugeführten Menge, es werden füllende Lebensmittel mit einem niedrigen Preis bevorzugt, wie Nudeln, Kartoffeln, Speck und Schweinefleisch. Der gesundheitliche Nutzen bestimmter Lebensmittel bleibt dabei unberücksichtigt. Zudem erfolgt eine starke Trennung zwischen „weiblichem" und „männlichem" Essen. Dazu im nächsten Gliederungspunkt (*genderspezifische Abgrenzung*) mehr.

Im Bürgertum hingegen zeigt sich ein gegenteiliges Bild. Hier ist Essen nicht auf die physiologische Nahrungsaufnahme fokussiert, vielmehr wird Essen als Anlass für soziale Interaktion gesehen, es dient hier vor allem der Pflege sozialer Kontakte. Der Essensablauf ist durch Tischsitten und feste Abläufe geregelt, das Essen an sich leicht, mager und kalorienarm. Außerdem spielen beim Bürgertum Überlegungen zum gesundheitlichen Nutzen des Essens eine bedeutende Rolle. Dies äußert sich im Einkauf frischer und qualitativ hochwertiger Produkte. Wobei der Fokus auf Qualität und nicht auf Quantität liegt. Zudem kocht das Bürgertum exotische Gerichte, etwa aus der chinesischen und indischen Küche, um sich von den reichen Arbeitern und deren schweren Gerichten abzuheben (Bourdieu 1987: 288ff). Dass Bourdieus Ergebnisse auch heute noch gültig sind, zeigen die Ergebnisse der NVS II zum Konsum von Fleisch- und Wurstwaren zwischen unterschiedlichen Schichten. In der Oberschicht verzehren Frauen 50g Fleisch/Tag und Männer 88g/Tag, in der Unterschicht hingegen werden 57g/Tag von Frauen verzehrt und 110g/Tag von Männern. Dies zeigt die größere Gesundheitsorientierung der oberen

Schichten und gleichzeitig die größere Mengenorientierung in den unteren Schichten (Max Rubner-Institut 2008: 62).

Laut Bourdieu hat jede soziale Klasse einen charakteristischen Geschmack, der fest verankert ist im Lebensstil des Menschen (Bourdieu 1987: 288ff). Wobei die Geschmacksgleichheit identitätsstiftend wirkt (Sandgruber 1997: 184)

Genderspezifische Abgrenzung

„Männer essen anders, Frauen auch", das zeigen auch die Ergebnisse der Nationalen Verzehrsstudie II., so haben Frauen einen höheren Obst- und Gemüseverzehr als Männer (Frauen: 407g/Tag; Männer: 342g/Tag) Männer hingegen verzehren dafür mehr Fleisch (Frauen: 50g/Tag; Männer: 88g/Tag [Ergebnisse für Männer und Frauen der Oberschicht]) (Max Rubner-Institut 2008: 32,35,60). Dass Frauen sich gesünder ernähren, wird oft mit dem in der Gesellschaft dominierenden Körperbild der schlanken Frau erklärt, welches stärker der gesellschaftlichen Kontrolle unterliegt als der Männerkörper (Prahl/ Setzwein 1999: 77). Als Resultat passt die Frau ihr Essveralten so an, dass es dem gesellschaftlich erwünschten Bild entspricht. Dies tut jedoch nicht nur die Frau. Generell ist zu beobachten, dass sich die Geschlechter den gesellschaftlichen Vorgaben unterordnen, um als Frau oder Mann wahrgenommen zu werden, sie ordnen sich ein in die bestehende soziale Konstruktion. Es findet dabei eine Inszenierung des jeweiligen Geschlechts statt, was auch als „doing gender" bezeichnet wird (Prahl/ Setzwein 1999: 79; Setzwein 2011:Internet). Dabei ist es etwa im Bereich der Nahrungsaufnahme gesellschaftlich vorgegeben und akzeptiert, dass Männer eine größere Portion verzehren als Frauen. Frauen hingegen verzichten und essen diszipliniert und gesundheitsorientiert, sie entbehren sich des Genusses von Lebensmitteln, auf die sie Appetit haben (Prahl/ Setzwein 1999: 77; Rückert-John/ John 2009: 179). So beschreibt Bourdieu (1987: 309) etwa, dass Männer das randvolle große Bierglas bestellen, Frauen hingegen nur den kleinen Aperitif oder einen Likör trinken. Auch Rückert-John und John (2009: 179) beschreibt dies bildhaft an Beispiel des Ladysteaks, welches Frauen in Steakhäusern bestellen können, da angenommen wird, dass sie ein großes „Männersteak" nicht schaffen. Neben diesem Mengenaspekt der Nahrung unterscheidet sich auch die Form der Speisen geschlechtsspezifisch. So wird von Frauen erwartet „schwache" Nahrung wie Salate oder Rohkost zu essen. Zudem werden mit der weiblichen Ernährung Speisen assoziiert, denen Minderwertigkeitsgefühle anhaften, da sie vorwiegend von alten Menschen, Kindern oder Frauen verzehrt werden, dazu zählen etwa Desserts oder Knabberartikel (Prahl/ Selzwein 199: 79; Bourdieu 1987: 309). Die gesellschaftliche Erwartung an Männer hingegen gibt den Verzehr kräftiger Speisen vor, dazu zählen halbrohe Steaks oder Alkohol (Van Randow 2001: 125).

Doch auch die Art und Weise der Nahrungsaufnahme beider Geschlechter ist gesellschaftlich vorgegeben, so wird erwartet, dass die Frau langsam in kleinen Häppchen isst und an ihrem Getränkt nippt (Prahl/ Setzwein 199: 79; Setzwein 2011: Internet). Von Männern hingegen wird ein schnelles Esstempo und kräftiges Zulangen beim Essen erwartet, die Getränke sollen in großen Schlücken zu sich genommen werden.

Die geschlechtliche Codierung spielt jedoch nicht nur bei der Nahrungsaufnahme eine Rolle, vielmehr unterliegt ihr die gesamte Verzehrssituation, also auch die Nahrungsvor- und -zubereitung und der Schauplatz des Essens (Setzwein 2011: Internet; Rückert-John/ John 2009: 176).

4   Zusammenfassung und Ausblick

Im Rahmen der vorliegenden Arbeit wurden verschiedene naturnahe Ernährungskonzepte der Neuzeit vorgestellt. Auffällig war dabei, dass vielen dieser Konzepte eine starke Rückbesinnung auf die Lehren Rousseaus aus dem 18.Jahrhundert zeigten. Im Folgenden werden die wichtigsten Aspekte der Arbeit zusammengefasst.

Im 18. Jahrhundert wurde besonders vor dem Genussmittelverzehr und dem vor übermäßigem Lebensmittelverzehr angeraten, da diese laut der damals gängigen Lehrmeinung abträglich für die Gesundheit seien. Im Rahmen der im 19. Jahrhundert beginnenden Industrialisierung kam es zur Kommerzialisierung der Ernährungsversorgung. Die Industrialisierung fand Kritiker, welche die durch die Industrialisierung verursachte Distanzierung des Menschen von der Natur verurteilten. Unter den Kritikern war der amerikanische Pfarrer Sylvester Graham, der sich primär gegen fein gemahlenes Mehl und das daraus hergestellte Brot einsetzte. Seine Ideen trafen in Deutschland auf Anklang und wurden vom Hof Apotheker Theodor Hahn verbreitet. Zu Beginn des 20. Jahrhunderts revolutionierte der Schweizer Arzt Maximilian Bircher-Benner die damals vorherrschende Lehrmeinung, die Fleisch und Gekochtes als gesund befand, rohes Obst und Gemüse jedoch für unwichtig hielt. Bircher-Benner propagierte eine laktovegetabile Ernährung und stellte dabei das Rohe über das Gekochte. Kurze Zeit später Zeit entwickelte Werner Kollath sein Konzept und Max Otto Bruker Konzepte zur Vollkost, in welcher ebenfalls wenig verarbeitete, naturbelassene Lebensmittel den Hauptbestandteil bilden. Gleichzeitig entwickelte sich aus der Bevölkerung heraus eine Protestbewegung, welche die bestehenden Strukturen hinterfragte und sich für Werte wie Umweltschutz, biologischen Landbau und eine ökologisch-soziale Wirtschaft einsetzte - die ´68er-Bewegung. Sie thematisierten auch die Naturkost und stießen eine Ernährungswende in Richtung Bio an, es wurden erste Bio-Läden eröffnet. Die Nachfrage nach ökologisch erzeugten Lebensmitteln in der Bevölkerung stieg an. Bio boomt, bis heute. Experten prognostizieren zudem eine wachsende Nachfrage in der Zukunft - der Bio-Boom ist wahrscheinlich die größte bisherige Naturkostbewegung.

Während der Naturkostbewegungen spielen immer auch Abgrenzungsmechanismen zwischen Anhängern der Bewegung und dem Rest der Bevölkerung statt. Der zweite Teil der Arbeit hat sich daher mit der Thematik Abgrenzung befasst, wobei insbesondere zwischen schichten- und genderspezifische Abgrenzung differenziert wurden.

Die schichten- oder genderspezifische Einordnung des Einzelnen in das Essen markiert die Zugehörigkeit zu einer/ einem bestimmten Schicht/ Geschlecht und dient damit gleichzeitig der Abgrenzung zu/m anderen Schichten/ Geschlecht. Wobei sich sowohl die Mitglieder bestimmter Schichten als auch die Geschlechte in die bestehende soziale Konstruktion einordnen und die von der Gesellschaft vorgegebenen Verhaltensmuster und Erwartungen erfüllen.

Die vorliegende Arbeit hat gezeigt, dass naturnahe Ernährungskonzepte noch heute eine bedeutende Rolle spielen. Es wurde zudem deutlich, dass die Menschen sich in Zeiten zunehmender Technisierung und Aufgabenverteilung und damit einhegend sinkender Transparenz verstärkt nach Kontrolle sehnen, weshalb die zu „biologisch" erzeugten Lebensmitteln greifen. Die vorliegenden Prognosen zum Konsum biologisch erzeugten Lebensmitteln und die weiterhin zunehmende Technisierung der Gesellschaft lassen vermuten, dass dieser Trend auch zukünftig bestehen bleibt. Es wird deutlich, dass Ernährung nicht nur ein rein gesundheitliches Thema, sondern immer auch philosophische, politische und ökonomische Fragestellungen und Überzeugungen beinhaltet. Die Frage nach der „richtigen" Ernährung ist somit immer Gegenstand gesellschaftlicher Kontroversen und unterliegt so - wie gezeigt wurde - einem stetigen Wandel.

Abbildungsverzeichnis

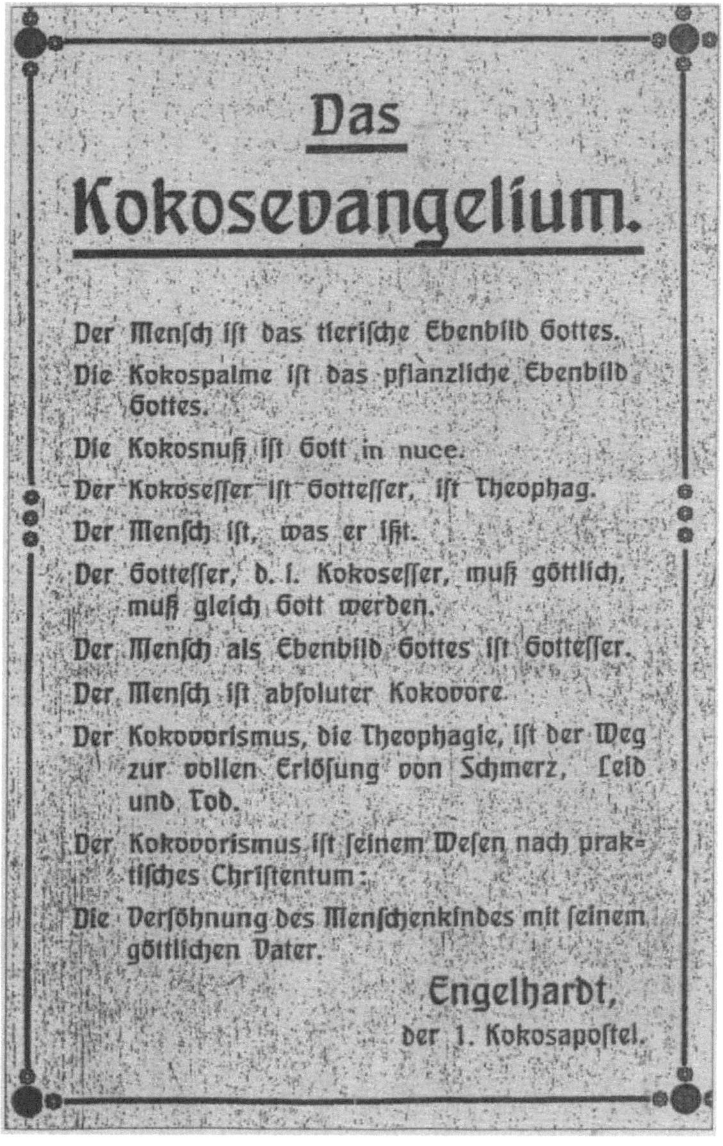

Das

Kokosevangelium.

Der Mensch ist das tierische Ebenbild Gottes.

Die Kokospalme ist das pflanzliche Ebenbild Gottes.

Die Kokosnuß ist Gott in nuce.

Der Kokosesser ist Gottesser, ist Theophag.

Der Mensch ist, was er ißt.

Der Gottesser, d. i. Kokosesser, muß göttlich, muß gleich Gott werden.

Der Mensch als Ebenbild Gottes ist Gottesser.

Der Mensch ist absoluter Kokovore.

Der Kokovorismus, die Theophagie, ist der Weg zur vollen Erlösung von Schmerz, Leid und Tod.

Der Kokovorismus ist seinem Wesen nach praktisches Christentum:

Die Versöhnung des Menschenkindes mit seinem göttlichen Vater.

Engelhardt,
der 1. Kokosapostel.

Abb.1: Das Kokosevangelium (Quelle: Uhlmann 2009: Internet)

Literaturverzeichnis

Balz, Matthias (2011): Branchen im Blickpunkt: Der deutsche Markt für ökologische Lebensmittel. ifo Schnelldienst 64. Jahrgang 7, 37–41.

Bourdieu, Pierre (1987): Die feinen Unterschiede. Kritik der gesellschaftlichen Urteilskraft. 1. Aufl. Frankfurt am Main: Suhrkamp.

Brand, Karl-Werner (Hg.) (2006): Die neue Dynamik des Bio-Markts. München: Oekom-Verl., Ges. für Ökologische Kommunikation.

Bratman, Steven (2001): Der Möhrchen-Freak. Vom Kult ums richtige Essen. Geo Wissen. Ernährung: Gesundheit & Genuss. (28), 157–164.

Brunner, Karl-Michael; Kropp, Cordula; Sehrer, Walter (2006): Wege zu nachhaltigen Ernährungsmustern. Zur Bedeutung von biographischen Umbruchsituationen und Lebensmittelskandalen für den Bio-Konsum. In: Karl-Werner Brand (Hg.): Die neue Dynamik des Bio-Markts. München: Oekom-Verl., Ges. für Ökologische Kommunikation, 145–196.

Bundesanstalt für Landwirtschaft und Ernährung (2011): Auf einen Blick: Informationen zum Bio-Siegel. In: http://www.bio-siegel.de/infos-fuer-verbraucher/das-staatliche-bio-siegel/ (15.06.2011).

Cvitkovich-Steiner, Helga (2005): Orthorexie: essender Extremismus. Ernährung Heute (5), 7–8.

Daszkowski, Alexandra (2003): Das Körperbild bei Frauen und Männern. Evolutionstheoretische und kulturelle Faktoren. 1. Aufl. Marburg: Tectum.

Fellmann, Ferdinand (1997): Kulturelle und personale Identität. In: Hans Jürgen Teuteberg, Gerhard Neumann und Alois Wierlacher (Hg.): Essen und kulturelle Identität. Europäische Perspektiven. Berlin: Akademie Verlag, 27–36.

FOCUS Online (2011): 50 Diäten im Check. In: http://www.focus.de/gesundheit/ernaehrung/abnehmen/diaetencheck/#capital_B (24.06.2011).

Gusfield, Joseph (1992): Nature´s Body and the Metaphors of Food. In: Michele Lamont und Marcel Fournier (Hg.): Cultivating Differences. Symbolic Boundaries and the Making of Inequality: Univ Chicago Press, 75–103.

Heldberg, Helma (Hg.) (2008): Die Müsli-Macher. Erfolgsgeschichten des Biomarktes und seiner Pioniere. München: oekom-Verl.

Jahn, Gabriele (2004): Konsumentenverhalten beim Kauf ökologischer Lebensmittel. In: Andreas Kärcher, Karin Reiter und Norbert (Bearb.) Wiersbinski (Hg.): Ökologischer Landbau - quo vadis? : zwischen Ideologie und Markt. Unter Mitarbeit von Andreas Kärcher, Karin Reiter und Norbert Wiersbinski. Bonn (BfN-Skripte ; 105), 63–77.

Kärcher, Andreas; Reiter, Karin; Wiersbinski, Norbert (Bearb.) (Hg.) (2004): Ökologischer Landbau - quo vadis? : zwischen Ideologie und Markt. Bonn (BfN-Skripte ; 105).

Kastner, Jens; Mayer, David (Hg.) (op. 2008): Weltwende 1968? Ein Jahr aus globalgeschichtlicher Perspektive. Wien: Mandelbaum.

Kollath, Werner (1937): Grundlagen, Methoden und Ziele der Hygiene. Leipzig: Hirzel.

Kollath, Werner (2005): Die Ordnung unserer Natur. 17., unveränd. Stuttgart: Haug Verlag.

Kraft, Karin; Stange, Rainer (2010): Geschichte der Naturheilverfahren. In: Karin Kraft und Rainer Stange: Lehrbuch Naturheilverfahren. Stuttgart: Hippokrates-Verl., 88-104o k.

Kraft, Karin; Stange, Rainer (2010): Lehrbuch Naturheilverfahren. Stuttgart: Hippokrates-Verl.

Lamont, Michele; Fournier, Marcel (Hg.) (1992): Cultivating Differences. Symbolic Boundaries and the Making of Inequality: Univ Chicago Press.

Langerbein, Reinhard (1988): Naturkost im Supermarkt - eine Möglichkeit zur Ausweitung des Marktes für Bioprodukte? Arbeitsbericht 5.

Leitzmann, Claus; Stange, Rainer (2010): Die Geschichte naturheilkundlicher Ernährungskonzepte. In: Rainer Stange und Claus Leitzmann (Hg.): Ernährung und Fasten als Therapie. Berlin, Heidelberg: Springer Berlin Heidelberg, 3–12.

Lünzer, Immo (2008): Hintergrund – Die Alternativbewegung. In: Helma Heldberg (Hg.): Die Müsli-Macher. Erfolgsgeschichten des Biomarktes und seiner Picniere. München: oekom-Verl, 69–74.

Max Rubner-Institut (Hg.) (2008): Nationale Verzehrs Studie II. Ergebn sbericht, Teil 2. In: http://www.was-esse-ich.de/uploads/media/NVSII_Abschlussbericht_Teil_2.pdf.

Melzer, Jörg (2003): Vollwerternährung. Diätetik, Naturheilkunde, Nationalsozialismus, sozialer Anspruch. Stuttgart: Franz Steiner.

Neumann, Gerhard (1997): Das Gastmahl als Inszenierung kultureller Identität: Europäische Perspektiven. In: Hans Jürgen Teuteberg, Gerhard Neumann und Alois

Wierlacher (Hg.): Essen und kulturelle Identität. Europäische Perspektiven. Berlin: Akademie Verlag.

O. A. (2010): Abenteuer Südsee Paradies oder grüne Hölle auf Erden? Hg. v. Zweites Deutsches Fernsehen In: http://www.weltreich.zdf.de/ZDFde/inhalt/17/0,1872,80590 89,00.html.

Prahl, Hans-Werner; Setzwein, Monika (1999): Soziologie der Ernährung. Opladen: Leske + Budrich.

Randow, Gero von (2001): Erst kam das Fressen und dann das Mahl. Geo Wissen. Ernährung: Gesundheit & Genuss. (28), 114–125.

Rogers, Stephanie (2010): Urban Gardening: You Can Grow Food, No Matter Where You Live. Hg. v. Earthfirst.com In: http://earthfirst.com/urban-gardening-you-can-grow-food-no-matter-where-you-live.

Rousseau, Jean-Jacques (2001): Emil oder über die Erziehung. Paderborn: UTB.

Rückert-John, Jana; John, René (2009): Essen macht Geschlechter. Zur Reproduktion der Geschlechterdifferenz durch kulinarische Praxen. Ernährung im Fokus (5), 174–179.

Sandgruber, Roman (1997): Österreichische Nationalspeisen: Mythos und Realität. In: Hans Jürgen Teuteberg, Gerhard Neumann und Alois Wierlacher (Hg.): Essen und kulturelle Identität. Europäische Perspektiven. Berlin: Akademie Verlag, 197–203.

Schäfer, Susanne (2011): Jedem was zu ackern. Wer selbst angebautet Gemüse ernten will, braucht weder einen eigenen garten noch einen Balkon. einblicke in die Welt der «Urban Gardening». DIE ZEIT.Sonderbeilage: MAHLZEIT. Essen ist Heimat Jahrgang 66: 19.05.2011, 17.

Schlegel-Matthies, Kirsten (1997): Regionale Speisen in deutsche Kochbüchern des 19. und 20. Jahrhunderts. In: Hans Jürgen Teuteberg, Gerhard Neumann und Alois Wierlacher (Hg.): Essen und kulturelle Identität. Europäische Perspektiven. Berlin: Akademie Verlag, 212–227.

Setzwein, Monika (2011): Ernährung - Körper - Geschlecht. In: http://www.food-and-culture.de/000000924b0393510/018b4794bb0d2bf04.html (22.06.2011).

Slow Food Deutschland e.V. (o. J.): Mitglied werden! Für gute, saubere und faire Lebensmittel! In: http://www.slowfood.de/w/files/mitglied_werden/1_sf_imageflyer _web.pdf (25.06.2011).

Stange, Rainer; Leitzmann, Claus (Hg.) (2010): Ernährung und Fasten als Therapie. Berlin, Heidelberg: Springer Berlin Heidelberg.

Ströhle, Alexander (2009): Rück- und Seitenblicke im Zeitalter der Ernährungsver(w)irrung. Eine Hommage an Werner Kollath. Köln: Reglin.

Teuteberg, Hans Jürgen; Neumann, Gerhard; Wierlacher, Alois (Hg.) (1997): Essen und kulturelle Identität. Europäische Perspektiven. Internationales Kolloquium zur Kulturwissenschaft des Essens. Berlin: Akademie Verlag.

Uhlmann, Ronny (2009): Das Kokosevangelium. In: http://palmeundco.communityhost.de/thread/?thread__mid=865914993 (26.06.2011).

Van der Linden, Marcel (op. 2008): 1968: Das Rätsel der Gleichzeitigkeit. In: Jens Kastner und David Mayer (Hg.): Weltwende 1968? Ein Jahr aus globalgeschichtlicher Perspektive. Wien: Mandelbaum, 23-37.

Von Alversleben, Reimar; Altmann, Marianna (1986): Die Nachfrage nach alternativen Nahrungsmitteln. Agrarwirtschaft. Zeitschrift für Betriebswirtschaft, Marktforschung und Agrarpolitik 35 (10), 289–295.

Walter, Ullrich (2008): Kurze Zeitreise durch den Bio-Handel in Deutschland- aus Sicht eine Beteiligeten. In: Helma Heldberg (Hg.): Die Müsli-Macher. Erfolgsgeschichten des Biomarktes und seiner Pioniere. München: oekom-Verl, 15–23.